献给我的女儿汉娜和约拉，感谢你们让我在地球上公正地生活。

——凯瑟琳·巴尔

献给我的妈妈和爸爸，我爱你们！

——史蒂夫·威廉斯

献给我的儿子塞巴斯蒂安——我的星空中最闪亮的那颗星。

——埃米·赫斯本德

阳光秀美童书馆

宇宙小历史

我要出发去探索时间的起点了……

等等我！

[英]凯瑟琳·巴尔　[英]史蒂夫·威廉斯　著

[英]埃米·赫斯本德　绘

陈冬妮　译

广西科学技术出版社

在大爆炸之前，
什么都不存在。

没有星系，没有恒星，没有行星，也没有生命。
没有时间，没有空间，没有光，也没有声音。
然后，突然间，所有的一切都开始了……

← 暗能量

这些从哪里来的？

138亿年前

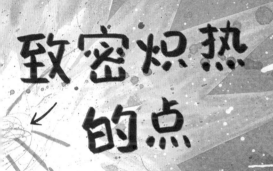

致密炽热的点

一个致密炽热的点出现了，并立即变得越来越大。这个极小的点中的一切被一种新力量（被称为暗能量）狂暴地向外推。

大爆炸创造了我们称为 **宇宙** 的神奇之所。

哇哦！

银河系

超大质量
黑洞

这场大爆炸过后,
极其炽热的宇宙
开始冷却。

　大爆炸产生的碎片形成了叫作
原子的微小物质,原子构成了气体
和尘埃。气体扭曲聚集,变得越来
越热,直到开始燃烧并发光。

138亿年前—131亿年前

在这些五颜六色的旋涡状的云中，第一批**恒星**诞生了。新生的一团团恒星形成了数以百万计的**星系**，默默地在宇宙中闪耀。

直到这些恒星的光芒穿越深空前，只有来自大爆炸的微弱光亮照亮黑暗的宇宙。

天津四

北斗星

蓝白色恒星

白超巨星

轩辕十四

黄超巨星

随着 **时间流逝** ，数

万亿颗恒星点亮了整个宇宙。与我们人类一

样，恒星也要经历 **生老病死** 的过程。但

与我们不同的是，恒星的寿命可以长达 **几十亿**

年，直到今天，很多第一代恒星仍然闪耀在宇宙中。

131亿年前 — 45亿年前

恒星死亡时，有些会膨胀为**红巨星**，之后再收缩变为**白矮星**，逐渐暗淡并消失。另外一些大质量的恒星则会爆炸塌缩，成为吞噬一切物质的怪异的**黑洞**。

毕宿五

橙一红巨星

参宿四

恒星真是五彩斑斓！

在**恒星**的一生中，不同阶段的恒星呈现着不同的颜色，好似彩虹。最炽热的恒星看起来是蓝色的，稍冷一点的恒星是白色的，温度更低的则是黄色和红色的。体积巨大的恒星称为**巨星**，光度较弱、体积更小的恒星则称为**矮星**。红矮星是恒星中最常见的一种。

红超巨星

大爆炸之后很久很久，一颗明亮的黄色恒星诞生了，它就是我们的**太阳**。这颗燃烧的气体球实在是太大了，甚至可以容纳**130万**个地球。

太阳非常非常热，它的核心处有个炙热的熔炉。温度稍低的**黑色斑点**在太阳表面游弋。极高温度的**太阳风**猛烈地吹向深空。

我们的太阳只是我们所在的银河系中千亿颗恒星中的一员。

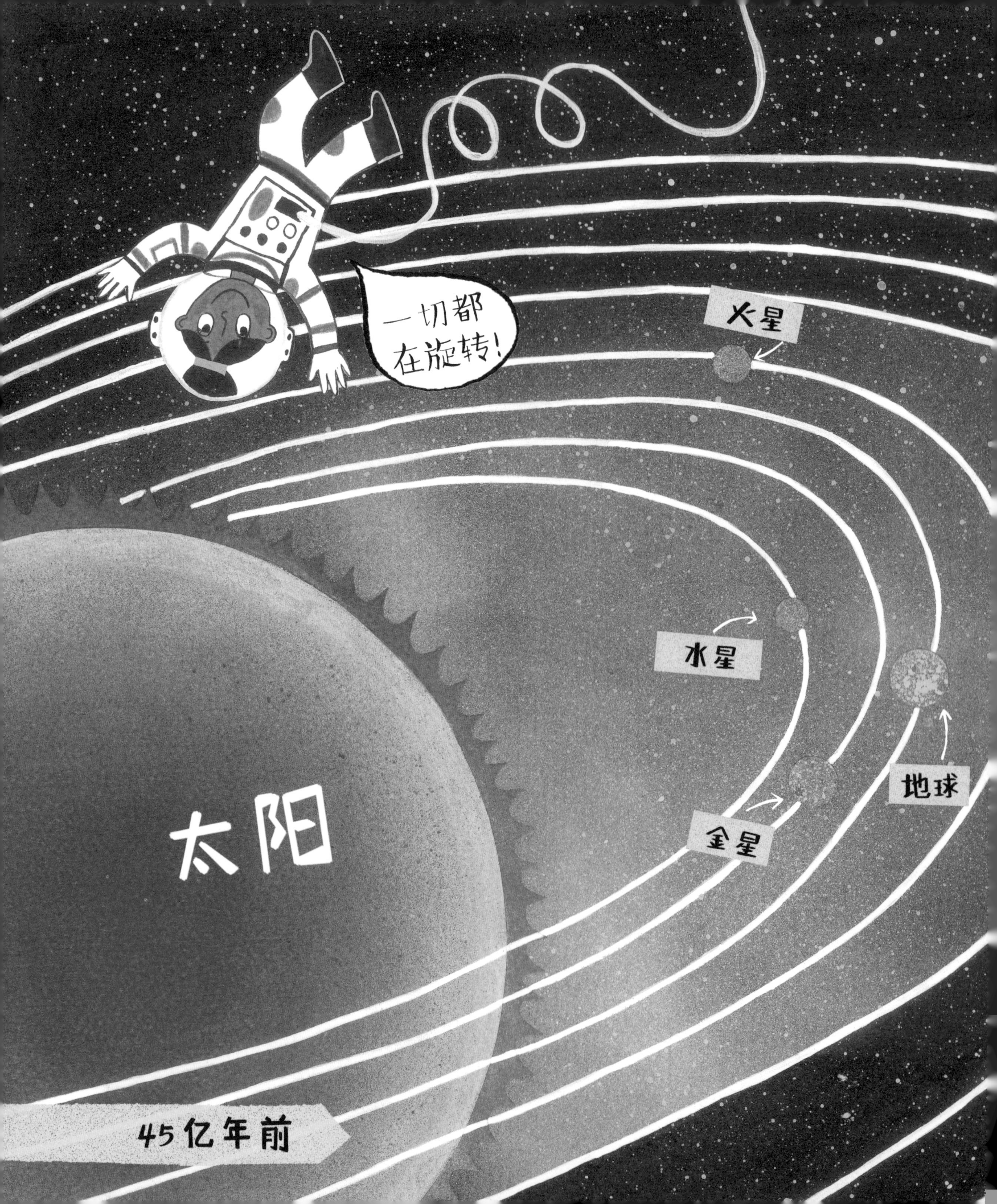
一切都
在旋转！
火星
水星
地球
金星
太阳
45亿年前

深空 ↑

渐渐地，太阳诞生时剩下的**尘埃和气体**聚集起来，形成了**行星**。

靠近太阳的地方，尘埃形成了**岩质行星**：水星、金星、地球和火星。在远离太阳温暖辉光的冰冷的黑暗地带，绕转的尘埃与气体和冰一同形成了木星、土星、天王星和海王星。

所有这些新的行星都围绕着黄色母星高速旋转。我们的**太阳系**就这样形成了。

海王星

木星

天王星

土星

转得我头晕了！

彗星

哇！太壮观了！

与行星一样，由岩石和冰混合形成的彗星也绕着太阳呼啸而过。

小行星是由大块的岩石和金属构成的，它们也围绕太阳运行。有很多小行星**撞击**到地球表面。撞击会产生大量的热，高温使得岩石都熔化了，变为没完没了地冒着气泡的**熔岩**湖。

45亿年前

小行星

就在**地球**刚刚形成时，一颗小行星穿越太空撞击到地球上。撞击把岩石激扬至太空中，最终这些岩石又聚集起来，形成我们冰冷灰暗的**月球**。

彗尾

小行星带

形成月球的那次撞击实在是太壮观了，使得地球都倾斜了。因此自那以后我们的地球就倾斜着围绕太阳转。

太阳

沸腾的熔岩

今天，地球的这种倾斜形成了**四季**变化，因为在围绕太阳运行的一年时间里，地球的不同部分被不同程度地加热。

40亿年前

地球上的温度开始下降，地表沸腾的岩浆开始
冷却，成为固态的**岩石**。

大雨下了几千年，形成了浩瀚的
海洋。正是在这些海洋中
出现了第一批生命。这些早
期的细胞开始产生氧
气，就是今天我们
所有人都需要
的气体。

今天的地球

38亿年前——今天

随着氧气在全球扩散，触发了一场持续几十亿年的**生命**爆发。

偶尔会有小行星和彗星撞击到地球上，几乎毁灭了所有的生物。但不可思议的是，有些动物和植物在毁灭中存活下来，日渐繁荣昌盛。

就在**300万**年前，新的物种演化出来并改变了世界：

人类！

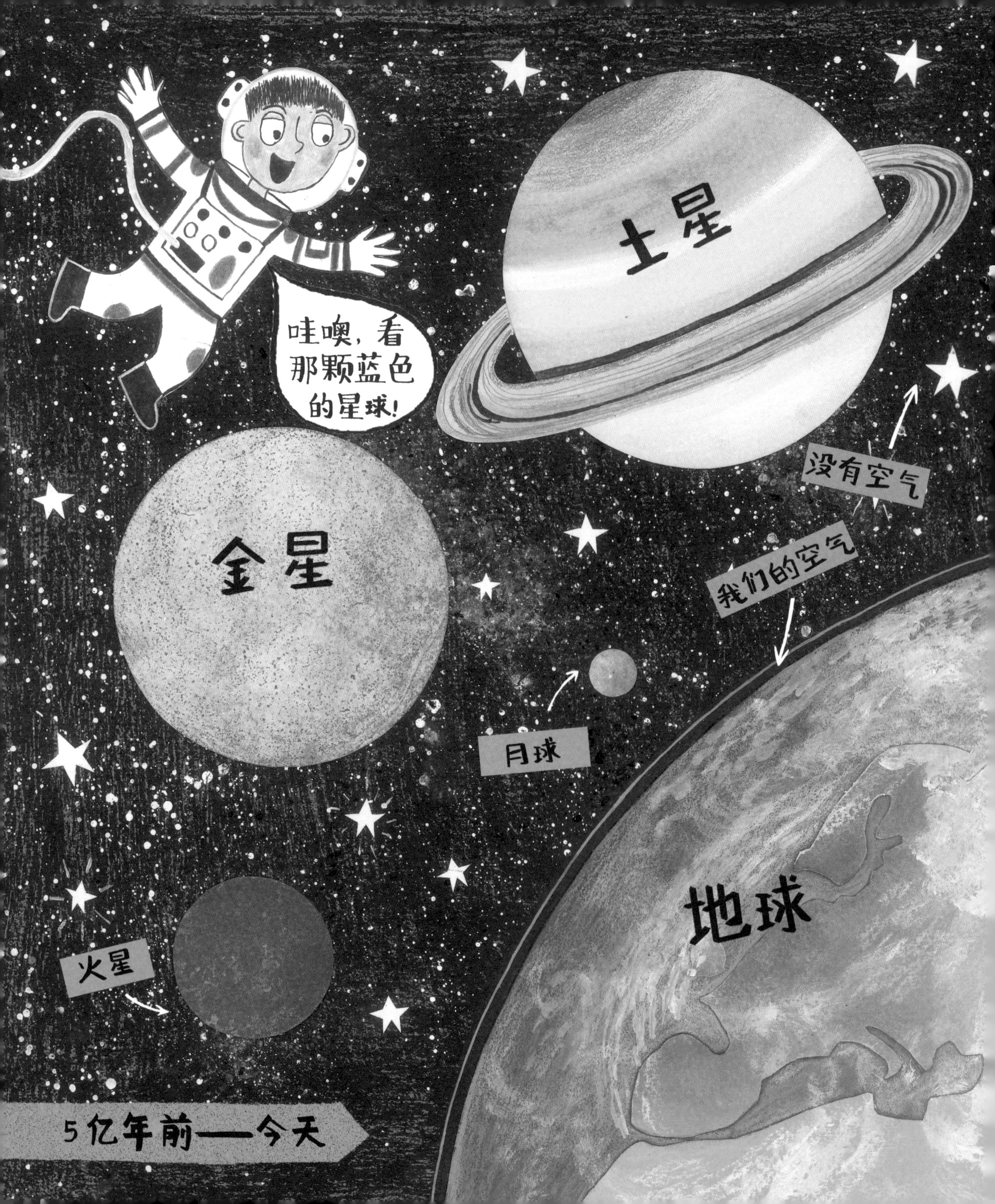
哇噢，看那颗蓝色的星球！
土星
没有空气
金星
我们的空气
月球
地球
火星
5亿年前——今天

木星

真高兴能生活在那里!

地球上的生命依赖于我们的**大气**，它是围绕在地球外面的一层薄薄的气体，使人类和其他生物所需的热量和氧气不会从地球**逃逸**出去。

但是太空中是极度的严寒，而且没有空气。其他行星的大气要么被**冻结**了，要么是**有毒**的，要么是令人窒息的，或者三者兼具。金星上有**黄色**的酸雾，而木星上弥漫的**红色**风暴中不时闪过巨大的闪电，土星拥有冰粒构成的环系和狂暴的**橙色**飓风。

人类仍在努力，试图理解这些行星以及围绕它们旋转的物质。

天文学家最早是通过观察星星来探索宇宙的——他们发明了望远镜来帮助自己研究星空。

天文学家发现月球上有**环形山**，土星则拥有**环系**。他们还意识到宇宙神秘莫测而且经常发生变化。但逐渐地，天文学家开始用**数学**和**星图**来解释和理解宇宙。

天文学家绘制了我们所在星系（银河系）中恒星的星图，还观测了天空中像宇宙蛛网似的其他几十亿个星系。他们观测到围绕其他恒星的其他行星，以及围绕这些行星的卫星——它们都在有序运转。

天文学家发现宇宙中所有的一切都由奇怪的几种力所控制。

暗能量仍然在将宇宙中的所有一切推离彼此，而

万有引力

则将所有一切聚集在一处。物体的质量越大，万有引力就越强。

黑洞

今天

我感觉自己好像正在被 拉 伸。

在地球上，万有引力
阻止我们逃离地球。在太
空中，万有引力使行星围绕
恒星转动，通过让恒星在

超大质量黑洞

周围运行而形成星系。

黑洞是奇异且暗黑的所在，那里的万有
引力最强——连光都陷入其中无法逃脱。

太空狗
莱卡

地球

1942年 —— 1969年

科学家终于找到了挣脱地球引力的工具——

点火起飞的火箭。
太空竞赛开始了。

最初是动物，然后是人类搭载火箭进入太空。前往太空的第一人是加加林，第一位太空女性则是捷列什科娃，他们都是苏联人。他们升

到环绕地球的**轨道**只用了不到两个小时。

1969年，当美国的阿波罗11号完成全新的壮举——**在月球上着陆**

时，全世界都震惊了。

宇航员们从老鹰号宇宙飞船的小门中走出来。这是人类第一次站在宇宙中地球之外的某处。

脚印

由于月球比地球小得多，其引力就更微弱，因此宇航员可以在月球表面轻松地跳起来。登月之前宇航员身着**宇航服**在游泳池里进行类似的训练，因为漂浮在水中与在月球上行走多少有些相似。

1969年

宇航员们拍摄了照片，收集了月球尘埃，还与远在地球的家人通了电话。他们留在月球表面的人类 **脚印** 由于不会受到空气和水的影响，一直留在原地，但宇航员们已经坐着火箭返回了地球家园。

各国开始共同探索宇宙。

他们建造了**国际空间站**，人们在那里进行各种类型的太空实验。

载有机器人的宇宙飞船已经在金星、火星甚至一颗彗星上着陆。

空间探测器则已经围绕水星、土星和木星进行了探测，探索其他天体的探测器仍处于前往深空的单程旅途中，一去不返。

围绕地球运行的**人造卫星**成千上万。一些卫星通过拍摄图像的方式帮助我们了解天气变化，一些卫星帮我们中转电视和电话信号，还有一些卫星报废后变成了人类制造的太空垃圾……

太空垃圾

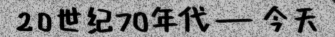

20世纪70年代 — 今天

太空探测所面临的最大挑战就是**时间**和**距离**。

仅仅是太阳距离我们银河系的中心就有约3万光年。

很快，能够让人们用来度假的火箭就会建成，而宇航员则有希望在火星着陆并在那里生存。

未来

最激动人心的挑战之一

就是寻找其他卫星和行星上的 **生命**

信号。人类在宇宙中不大可能是完全孤单的。

没人知道当我们揭秘宇宙那些光怪陆离的神奇之处时，

我们究竟会发现什么。

词 汇 表

暗能量 —— 驱使宇宙运动的一种能量。它不会吸收、反射或者辐射光，所以人类无法直接使用现有的技术进行观测。

大爆炸 —— 现代宇宙学中影响最大的一种学说。认为宇宙曾经历一次大规模爆炸，宇宙体系不断膨胀，物质从热到冷、从密到稀地演化。

轨道 —— 物体在空间运动的路径。如两个天体在相互引力作用下所行经的轨道，一般都近似于圆锥曲线。

黑洞 —— 深空中万有引力极强的地方，甚至光都无法逃脱。

恒星 —— 由炽热气体组成、能自己发光的天体。

彗星 —— 绕太阳运行的一种天体。形状特别，远离太阳时，为发光的云雾状小斑点；接近太阳时，由彗核、彗发和彗尾组成。

人造卫星 —— 用火箭发射到天空，按一定轨道绕地球运行的人造天体。

太阳系 —— 太阳和以太阳为中心、受它的引力支配而环绕它运动的天体所构成的系统。

卫星 —— 围绕行星运动的天然天体。本身不发光。

小行星 —— 沿椭圆轨道绕太阳运行的一种小天体。

星系 —— 由几亿至上万亿颗恒星和星际物质构成的庞大天体系统。

氧气 —— 氧在空气中约占1/5，是人和动植物呼吸所必需的气体。

银河系 —— 太阳所在的星系。由包括太阳在内的恒星、星团、星际气体和星际尘埃聚集而成。

引力 —— 宇宙物质之间普遍存在的相互吸引力。

宇航员 —— 驾驶宇航器在地球大气层外飞行、管理和维修飞行器，并从事飞行中科研、军事和生产活动的人员。

宇宙 —— 包括地球及其他一切天体的无限空间。

原子 —— 组成单质和化合物分子的最小微粒。

著作权合同登记号　　　桂图登字：20–2017–085号

图书在版编目（CIP）数据

宇宙小历史 / (英) 凯瑟琳·巴尔(Catherine Barr), (英) 史蒂夫·威廉斯(Steve Williams)著；(英) 埃米·赫斯本德(Amy Husband)绘；陈冬妮译. —南宁：广西科学技术出版社, 2023.12

ISBN 978-7-5551-2094-0

Ⅰ. ①宇… Ⅱ. ①凯… ②史… ③埃… ④陈… Ⅲ. ①宇宙 – 少儿读物 Ⅳ. ①P159–49

中国国家版本馆CIP数据核字（2023）第205600号

YUZHOU XIAO LISHI

宇宙小历史

［英］凯瑟琳·巴尔　　［英］史蒂夫·威廉斯　著　［英］埃米·赫斯本德　绘　陈冬妮　译

责任编辑：蒋　伟　王滟明　邓　颖　　　　书籍装帧：于　是
版权编辑：尹维娜　　　　　　　　　　　　责任印制：高定军
责任校对：方振发

出 版 人：梁　志　　　　　　　　　　　　出版发行：广西科学技术出版社
社　　址：广西南宁市东葛路66号　　　　　邮政编码：530023
电　　话：010-65136068-800（北京）　　　传　　真：0771-5845600（南宁）

经　　销：全国各地新华书店
印　　刷：北京华联印刷有限公司　　　　　邮政编码：100176
地　　址：北京市经济技术开发区东环北路3号

开　　本：889 mm × 1194 mm　1/12　　　　印　　张：3
字　　数：50千字
版　　次：2023年12月第1版　　　　　　　　印　　次：2023年12月第1次印刷
书　　号：ISBN 978-7-5551-2094-0
定　　价：30.00元

版权所有　侵权必究